# 画说牛

我的小小农场 14

# 画说牛

【日】上田孝道 ● 编文　　【日】笹尾俊一 ● 绘画

牛排、牛肉汉堡、日式火锅、涮牛肉
都非常美味，并且大家都很喜欢吃。
但是，日本从明治时期开始，
才能像现在这样吃牛肉。
在那之前的约 1200 年间，
日本一直禁止肉食。
现在，闻名世界的美味牛肉就来自日本培育的和牛。
一边饲养小牛，一边尝试了解一下
日本和牛的世界吧！

中国农业出版社
北京

# **1** 江户时代末期，令欧美人咂嘴的日本生牛肉片

日本江户时代(1603年—1867年)末期，欧美人来到日本，强迫长期锁国的日本开放门户。当时，令这些来到日本的欧美人最困扰的就是无法买到新鲜的肉。很久以前，日本曾经饲养过牛和马，但由于当权者禁止肉食，牛和马仅作为耕畜用于搬运东西和耕田，禁止食用。受此困扰的欧美人悄悄地从相牛人（家畜商）手中购买牛，然后在日本松原或者军舰内屠宰，最后终于吃到牛肉。牛肉的美味令大家大吃一惊！让人觉得非常不可思议的是，在禁止肉食的国家，仅当作耕畜的牛的肉为什么会这么好吃呢？

## 日本**肉食**禁止令的时代

现在在日本，包括牛肉在内可以吃到很多种类的肉。但是，在江户时代末期以前的1 200年间，在日本是禁止吃肉的。在世界饮食文化当中，禁止食肉也是非常少见的。日本天武天皇时代（673年—686年）的675年颁布了肉食禁止令，禁止食用的家畜包括马和牛，还有猴子、狗和鸡。

## **为什么**禁止肉食呢

为了遵从禁止杀生的佛教宗旨，日本开始禁止肉食。但是，一般认为还有其他的理由。在日本刚建国之时，需要具有战胜邻国的国力和稳定国家的粮食政策。与畜牧业相比，日本的气候条件更有利于粮食生产。因此，当权者逐渐传播不食肉类的佛教思想，形成了禁止肉食的社会环境。另外，推广稻作不仅更容易获得税收，而且由于稻作需要协同作业，为了保证大家能够齐心协力，饮食生活也必须一致。如果民众中存在吃不到肉和能够吃到肉的不同情况，可能会导致对立矛盾。考虑到上述各种原因，当时的当权者宣布禁止食肉。

## 美味的日本牛肉

在日本，禁止食肉的制度持续了1200年之久。但是，为了搬运东西和耕田之用，还是饲养了牛。当时的牛相当于现在的拖拉机或者卡车，被视为工具。江户时代即将结束时，欧美国家要求日本开放门户。那时，来到日本的欧美人悄悄采购日本的牛肉，并对其美味吃惊不已。于是，欧美人在寄给祖国家人的书信中描写了日本牛肉的美味。这看来是非常不可思议的事情吧？在禁止食肉的国家，仅被当作耕畜的牛的肉为什么会这么好吃呢？他们吃到的可能是和牛的雪花肉。所谓雪花肉就是通过大量喂食饲料，让牛不断增肥，使脂肪渗入到肌肉当中的肉。那么，农户为什么会给不作为食用的牛喂食大量饲料，让其发胖呢？

## 竞争，让牛增肥

根据《但马牛物语》（日本兵库县畜产会）的记载，据说村子间或者乡镇间有约定，要让饲养的牛增肥。牛被用于农耕或者搬运，和人们一起工作，一起流汗，所以喂给牛更多美味的饲料也是合情合理的。但是，理由不仅如此。当时，用米来缴纳年贡（现在的税收）时，会将装米的包放在牛背上或者装在牛拉的车上来运输。如果自己饲养的牛体型瘦小，会成为所在村子的耻辱。所以，村民们相互竞争，让牛增肥，这在农户之间也成为了一种风尚。最近，也能看到因受到这种习惯的影响，出现体重过胖导致不能怀孕的母牛。总之，当时欧美人购买到的是农户饲养的富含脂肪的雪花肉。

# 2 日本的和牛来自哪里？

牛和人类的交往是从什么时候开始的？通过观察研究世界各地的文明遗迹可以得知，在8 000年以前的西亚，野生的牛经过驯化成为了家牛。在日本，没有关于饲养野牛并将其驯化的详细历史记载。

一般认为，在与中国大陆相连接时期的日本列岛上，曾经出现过野牛（北美野牛）群在草原上奔跑。但是，受到气候变化或者地壳运动的影响，野牛的身影从日本列岛消失了。之后，跟随稻作文化一起从中国大陆来到日本的牛，被认为是现在和牛的祖先。

## 古代的日本东北地区生活着野牛

距今约2万年前，在与中国大陆相连接的冰河时期的日本列岛上，曾经生活着野牛（北美野牛）群。1927年，岩手县花泉町的挖井人发现了可以印证该说法的遗址，并在1956年确认为野牛。除野牛的骨头外，在花泉町遗迹中还发现了瑙曼象、大角鹿和野兔等哺乳类动物的骨头。因此，可以证明那个时代的人们捕捉并食用过这些动物。

## 和牛的祖先来自中国？

由于人类的狩猎活动或者气候的变化，野牛在1万年前从日本列岛消失了。那么，现在的和牛的祖先来自哪里呢？一般认为，现在的和牛跟随拥有农耕技术的外来居民，途经中国和朝鲜半岛来到日本。但是，并没有确切的记载。当时的小船运送过来的牛要如何饲养，如何增加数量呢？牛是重要的家畜，在当时像现在这样屠宰健康的牛来食用是不可想象的事情，大家都想方设法增加牛的数量。

## 与**绳文**时代的稻作
## 一起来到日本并发展

最近的研究显示，中国的稻作文化在比日本弥生时代（前300年—250年）更早的绳文时代（前12000年—前300年）传到了日本。所以，可能在绳文时代，牛已经和稻作文化一同传到了日本。另外，在描写日本情况的中国史书《三国志·魏志·乌丸鲜卑东夷传》（3世纪）中写到，倭国（日本）没有马和牛，马和牛用于农耕或者搬运是弥生时代中期以后的事情。从滋贺县和大阪府的遗址出土的4世纪末到5世纪初使用的水田耙可以发现，最晚在这个时期已经普及了用马或者牛来帮助进行耕种。马或者牛拉着马犁、牛犁，反复翻地种植水稻。在二十世纪中叶之前，这种形式几乎没有改变。

## 牛、马**大量繁殖，**
## 几乎覆盖田野

在日本显宗天皇（485年—487年，日本大和时代中叶）时代，牛、马大量繁殖，数量几乎可以覆盖田地任何角落，那时采用放牧形式饲养。由于公牛和母牛一起放牧，每年牛的数量尽管没有倍增，但是也以相当快的速度增加。而且，在山林中有林地和草地，牛数量少的时期，冬季也可以放牧。到了日本安闲天皇（531年—535年，日本大和时代末叶）时代，在难波（日本大阪市南区和浪速区附近）的大隅岛和姬岛的松原，建造了牛的牧场。据说，这也是公立放牧场的起源。所以，日本关于牛的历史记载是从大和时代（4世纪—7世纪）前期开始的。

# 3 从搬运木柴、食盐和耕地，变为食用的牛

7世纪到19世纪，日本受到佛教或者当权者的影响禁止食肉，但是所有人都完全不吃肉了吗？想必并不是这样。据说贵族和武士等声称把牛肉当作药材来食用，对于生活在山里的人来说，小型野兽的肉是非常宝贵的食物。但是，对于大多数农民来说，与吃肉相比，牛就像今天的拖拉机或者卡车一样，是非常重要的工具。

## 禁止食肉时期的肉食

禁止食肉也存在着许多矛盾。日本一边禁止食用牛、马、猴子、狗和鸡，一边禁止乱捕鹿、野猪、兔子、野鸡、鸭子、山鸟和鱼类，但对后者又并非完全禁止。于是，从事狩猎、渔业的人们仍可借助自己的职业优势，从动物的肉中摄取营养。总之，传统的狩猎和渔业尽管被允许，但是还是禁止食用饲养动物的。在战国乱世，民间武士屠杀农民的牛、马来吃肉，受到安土桃山时代（1573年—1603年）传来的基督教的影响，信徒开始吃肉，江户时代的彦根藩向幕府供奉了味噌腌牛肉，江户末期出现了公然开设肉店的人，还有人用樱花和牡丹等暗语来形容肉的美味。特别是有"最后的将军"之称的一桥庆喜特别喜欢吃猪肉，也被称为"猪肉官员"。此外，病人被允许将牛肉作为"药材"食用，在小石川养生所（东京大学医学部前身）一直保存着牛肉。所以，日本人并没有过完全禁止肉食的生活。从多次发出诏书保障食肉禁止令的执行就能够想象出违法吃肉的情况是非常多的。尽管这么说，生活不富裕的农民阶层还是彻底坚守着禁止食肉的诏令，大多数平民在解禁食肉的明治维新（1868年）以后，还是比较禁忌肉食。

## 作为**劳动力**的牛

你知道"吹踏鞴炼铁"这个词语吗？这个词语表示在中国和日本的某些山区，使用木炭从铁矿石中炼铁的技术。在吹踏鞴炼铁的狭窄山路上，牛扮演着搬运货物的重要角色。沿海边修建的盐经山道（也称为"盐之路"）运往内陆。即使在这狭窄的坡路上，牛也能够平稳行走。《南部赶牛人之歌》就是在这条坡路上演唱的歌曲。如果在平坦的陆地，速度更快的马能够大显身手，但是马是单蹄动物，在陡坡上不容易发力。而即使是在陡峭的山路上，牛也能够运送重的货物，所以经常在山路上看到牛劳作的身影。并且，在水田耕种方面，与单蹄的马相比，牛的蹄子更容易发力，所以，在近代以前一直使用牛拉犁进行耕地。

## 文明开化，开始食用牛

到了明治时期，欧美人的思想渐渐传入日本，肉食开始受到推崇。江户时代末期，开始有人经营牛肉盖浇饭的店。到了明治时期，出现了日式火锅店，这也被称为是文明开化的味道，但是并没有得到广泛的推广。据说，肉食的普及是从中日甲午战争和日俄战争中食用牛肉罐头时开始的。第二次世界大战之后，由于拖拉机等的出现，牛不再是必需的劳动力了。

## 牛作为**肉用品种**再次出发

于是，牛的作用发生了巨大变化。二十世纪六十年代开始的经济增长带动了牛肉的消费，耕牛变为肉用牛再次流行。这种繁荣的景象持续不长。1991年，随着牛肉进口自由化，便宜的牛肉大量涌入日本市场，现在日本60%的牛肉都是进口的。于是，日本人也开始经常吃牛肉了。

# 4 牛是草的化身，尾巴可以驱虫

有句谚语说"牛是草的化身"。牛是草食动物，只要有草、树芽或者树叶就能够生存，并能不断生育出小牛，这是非常厉害的事情。放养的母牛，每天要吃 40~50 千克草。人类饲养牛的原因之一就是牛可以将人类不能食用的草作为食物食用并健康成长。青草茂盛时，牛逐渐长大长胖，但在没有草的季节渐渐变瘦也是牛的特点。只要有草，牛就能够生存，牛肚子的大部分空间都被像家里的澡盆一样大小的第一个胃（瘤胃）所占据，青草在里面被发酵分解，变成牛所需要的营养。而且，在牛的第一个胃中生存着许多微生物，据说 1 克内容物中含有 10 万 ~1 000 亿个微生物。

## 四个胃

牛有四个胃，总体积约占腹腔的 70%。其中，第一个胃约占整个胃体积的 80%，里面生活着许多能够分解青草的微生物，通过微生物的发酵，牛可以从青草中获取养分。此外，无论是在平地还是在坡地，牛可以边吃草边行走，就像四轮驱动的割草机一样。第一个胃中的发酵成分对牛的健康最有益。

## 牛毛

牛身体厚厚的皮肤表面生长着大量的毛，根据季节的变化而改变，夏季变薄，冬季变厚。夏季的毛看似很薄，但是毛和毛之间长有绒毛；到了冬季温度下降，寒风凛冽，受到刺激后，绒毛会不断生长，牛毛又变多。如果在冬季放牧，柔软的毛像高级毛毯一样覆盖整个身体，确保温度不会流失。下雨时，牛毛又变成了外套。牛通过毛数量和结构的变化，可以抵抗严寒和酷暑。

## 牛蹄

牛的蹄子分为两瓣。这样无论是陡峭的坡地还是石头密布、凹凸不平的地面，牛都可以轻松行走。如果从后面观察牛的蹄子，可以发现蹄子上方长有两个栗子一样的块状物，这叫做悬蹄，牛在下坡时，悬蹄可以起到刹车器的作用。在陡坡上修建的小型水田（梯田）的耕种最适合使用牛，四肢和蹄子的构造使牛能够快速转弯，在陡坡上也可以移动。蹄子的结构请参考书后解说。

## 尾巴

牛的尾巴不是装饰品。夏季，如果在田野中放养牛，牛会吸引许多吸血的牛虻等昆虫。昆虫叮咬会让牛感到很痛、很痒。因此，它会使用长长的尾巴敲打身体，驱赶讨厌的昆虫。但是，尾巴只能驱赶身体后部的昆虫。这时，牛可以弯转脖子，使用头部驱虫。弯转头部后，嘴能够达到腰部附近，也可以伸出舌头驱虫。此外，为了驱赶昆虫，还可以使用抖动身体、用脚踢打身体、抖动皮肤、在树木等上摩擦身体等方法。所以，牛都会聚集在通风且昆虫少的地方，或者移动到草木丛生的地方。在夏季昆虫袭来期间，牛通过各种办法来保护自己不被昆虫叮咬，并等待没有昆虫的季节的到来。

# 5 提供牛肉的牛（品种介绍）

欧洲各国和美国是肉食盛行的国家，以肉食为饮食中心，这可能是因为他们缺少了像日本的稻谷一样营养、美味、方便保存且能够生长稳定的食物。在这里，我们将介绍世界上的肉牛品种和从明治时期与外国种交配、进行品种改良的和牛。乳用品种的荷斯坦牛也可作为肉用牛，日本国一大半的牛肉都是来自这种牛，另外，还有通过品种间交配而培育的杂种牛的肉。大部分日本牛肉都来自黑毛和牛。受产地限制，褐毛和牛、日本短角牛或者无角和牛的肉产量少，所以很难买到。最近，随着消费者对肉质喜好的多样化，各种美味的日本牛肉都开始受到瞩目。

**黑毛和牛** 左侧为公牛，右侧为母牛

上方为公牛，下方为母牛

**日本短角牛**　　　　　　**褐毛和牛（日本高知县）**　　　　　　**褐毛和牛（日本熊本县）**

**无角和牛**
左侧为公牛，右侧为母牛

**见岛牛**
上方为公牛，下方为母牛
见岛牛被认为是最接近日本和牛祖先的牛，它们生活在日本海一侧山口县萩市的见岛，被指定为天然纪念物受到保护。和现在的和牛相比，体型小一圈。

**荷斯坦奶牛** 左侧为公牛，右侧为母牛

**安格斯牛**
原产于英国苏格兰，肉质优良，是肉用牛的代表品种。

**海福特牛**
原产于英国，与安格斯牛、短角牛并称三大肉用牛。肉质一般。

**瑞士褐牛**
原产于瑞士，乳肉兼用的代表品种。在世界范围内被广泛饲养。

# 6 牛的一生，和牛的生命周期（饲养日历）

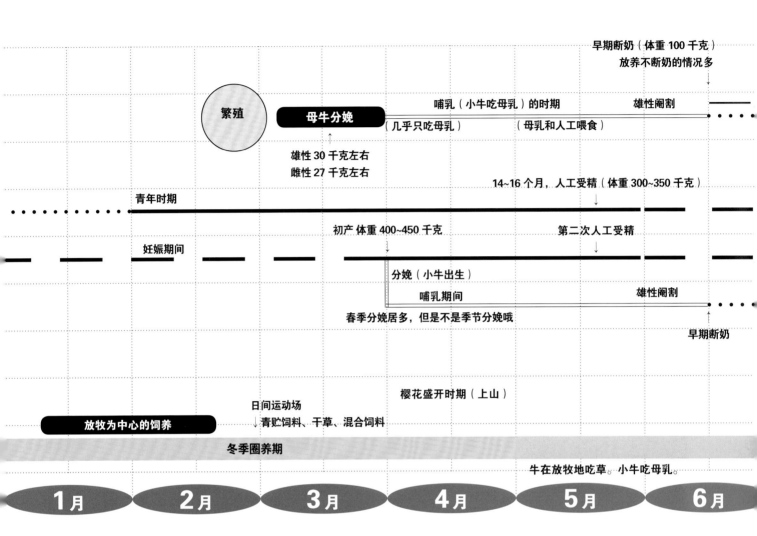

早期断奶（体重 100 千克）

放养不断奶的情况多

| 繁殖 | 母牛分娩 | 哺乳（小牛吃母乳）的时期 | 雄性阉割 |

（几乎只吃母乳） （母乳和人工喂食）

雄性 30 千克左右

雌性 27 千克左右

14~16 个月，人工受精（体重 300~350 千克）

青年时期

初产 体重 400~450 千克　　　　第二次人工受精

妊娠期间

分娩（小牛出生）

哺乳期间　　　　　　　　　雄性阉割

春季分娩居多，但是不是季节分娩哦

早期断奶

樱花盛开时期（上山）

日间运动场

放牧为中心的饲养　　↓青贮饲料、干草、混合饲料

冬季圈养期

牛在放牧地吃草。小牛吃母乳。

**1月　　2月　　3月　　4月　　5月　　6月**

## 直到成为牛肉的一生（育肥的各种事情）

除留作种牛以外的大多数公牛，阉割后饲养八个月左右，就可以在小牛市场出售了，如果育肥（喂胖小牛，使其肉质变好）饲养一年零九个月左右，就可以作为肉用牛出售了，这叫做公牛阉割育肥。所谓阉割就是摘除睾丸，阉割后牛的肉没有腥味，而且肉质很鲜嫩。大部分母牛在生产 5~6 次后，经 3~6 个月饲养让其育肥转作肉用牛，这叫做经产牛育肥。此外，极少数没有生产过的青年母牛育肥 32 个月左右，其肉质非常好。

经产牛育肥　分娩5~6次后，育肥3~6个月　　屠宰

青年牛市场　　290 千克

育肥　公牛阉割育肥

青年母牛育肥

出生 2 个月　出生 4 个月　出生 6 个月　出生 8 个月　出生 10 个月　出生 12 个月　出生 14 个月　出生 16 个月

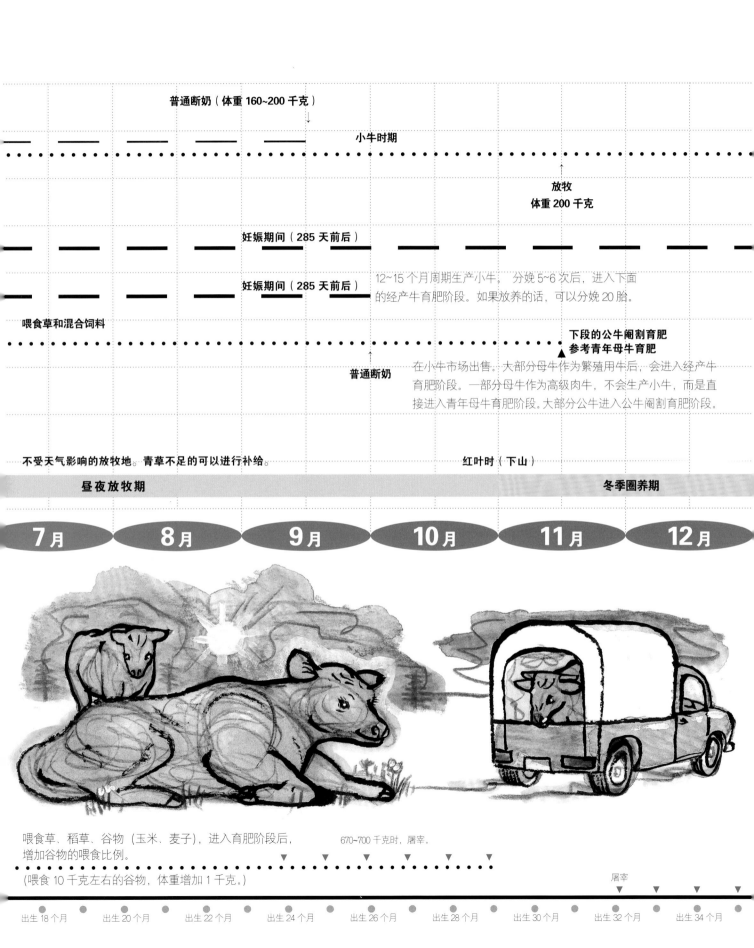

普通断奶（体重 160~200 千克）

小牛时期

放牧
体重 200 千克

妊娠期间（285 天前后）

妊娠期间（285 天前后）

12~15 个月周期生产小牛，分娩 5~6 次后，进入下面
的经产牛育肥阶段。如果放养的话，可以分娩 20 胎。

喂食草和混合饲料

下段的公牛阉割育肥
参考青年母牛育肥

普通断奶

在小牛市场出售。大部分母牛作为繁殖用牛后，会进入经产牛
育肥阶段。一部分母牛作为高级肉牛，不会生产小牛，而是直
接进入青年母牛育肥阶段。大部分公牛进入公牛阉割育肥阶段。

不受天气影响的放牧地。青草不足的可以进行补给。

红叶时（下山）

| 昼夜放牧期 | | | | 冬季圈养期 | |
|---|---|---|---|---|---|
| **7**月 | **8**月 | **9**月 | **10**月 | **11**月 | **12**月 |

喂食草、稻草、谷物（玉米、麦子），进入育肥阶段后，
增加谷物的喂食比例。

670~700 千克时，屠宰。

(喂食 10 千克左右的谷物，体重增加 1 千克。)

屠宰

出生 18 个月　　出生 20 个月　　出生 22 个月　　出生 24 个月　　出生 26 个月　　出生 28 个月　　出生 30 个月　　出生 32 个月　　出生 34 个月

# 7 喂，开始饲养牛吧！

如果你想在学校饲养小牛，首先要确定饲养的地方和饲养的品种。并且，要事先决定谁来照顾小牛。另外，肉牛不是宠物，是用来劳作、用来食用的，要牢牢记住这些事情，不要忘记哦。如果饲养妊娠母牛，可以体验到小牛出生的快乐。如果可以保证每头牛有1公顷以上的放牧地的话，就不需要牛舍了；如果是0.5公顷以下的话，就需要建造牛舍。只饲养小牛时，最好购买已经断奶的小牛。全家人都可以体验到饲养的快乐哦。

## 寻找支持者

城市里的学校不适合作为饲养牛的地方，但是如果是乡下学校的话，一定能够找到还没有开垦的田地或者山地。尽量寻找靠近学校的地方。另外，需要寻找即使在休息日也能够饲喂牛和照顾牛的人。与学校和地区的人们的交流沟通也是非常重要的。如果能够找到以前养过牛的人，一定会很高兴。牛的放牧地的面积越大，在那里饲养的牛一定会越感到幸福。在狭小的地方饲养时，如果进行第18页所介绍的牛上门割草"哞哞收割"的话，牛和割草困难的人一定都会很高兴。

## 不需要牛舍？

如果有放牧地，就不需要牛舍。牛是耐风雨、严寒和酷暑的动物。那么，什么时候需要牛舍呢？有放牧地，但面积狭小，没有屋顶，积存的粪便、尿液会和雨水掺杂流入河流造成污染时就需要牛舍了。此外，如果冬季在降雪量大的地区饲养牛的话，牛舍也是不可缺少的。制作牛的堆肥时，收集牛舍地面的粪尿，在堆肥场发酵后，就可以撒在田地里了。

## 建造牛舍

周围环境不同，牛舍的内部结构也不同。请大人协助，尽量不花钱来建造牛舍吧.除了需要喂食的地方、舔舐盐的地方、喝水的地方，还要有放置饲料的仓库。牛舍、仓库和堆肥场都可以使用塑料来建造。一定要保证牛不能进入饲料放置场（仓库）。饲喂牛的饲料中谷物含量过高的话，会使牛腹中产生大量气体（急性腹胀），导致死亡。

## 杂草也是牧草

通常，牛放牧可以从樱花盛开时，持续到红叶满山的季节。牛会自己吃草，也会吃到树木的叶子和小树枝。详细信息请参考书后解说。

## 其他饲料

当在放牧地狭小、饲料不足的条件下对牛进行饲养育肥时，可以喂食在田地中栽培的青草。在夏季将野草或牧草晒干制成干草，将牧草或玉米等装入密封容器或者袋子中，令其发酵制成青贮饲料储备过冬，也是很重要的工作。此外，稻草、豆腐渣、米糠、面包边或者剩菜剩饭等，都可以用作补充饲料。无法利用这些方法获得充足的饲料时，还可以饲喂市面上销售的牛用干草或者混合饲料等。详细信息请参考书后解说。

## 舔舐天然盐

牛吃了大量草后，需要补充食盐，所以它们非常喜欢味噌。给牛食用的盐可以是富含矿物质的天然盐，也可以是市面上销售的掺入营养素压制而成的牛用矿盐。这样一来，草与盐双管齐下，牛就可以获得丰富的营养了。

# 8 为了生产小牛？为了育肥？饲养方法不同

要获得小牛就要饲养母牛，通过人工受精或者自然交配使其妊娠。母牛几乎每年都会生产小牛，最高记录是生产了20胎左右，但是大部分母牛都是5~6胎。母牛分娩使命结束后，经过育肥，变为肉用牛。之后，就会继续饲养可以代替这只牛的母牛。

所谓育肥，就是为了获得更多美味的牛肉而给牛喂食大量饲料的一种饲养方法。根据牛品种的不同和想要获得肉质的不同，育肥期也会不同。所以，八个月左右的小牛有作为肉用牛被带到市场销售的，也有作为种用牛留下继续饲养的。

## 育成牛和育肥牛

出生后3~6个月，和牛通过饮用母牛的乳汁来获取营养。2个月后，母牛乳汁量减少，可以开始给小牛喂食饲料，并在3~6个月进行断奶。所以，小牛有哺乳小牛和断奶小牛之分，市面上销售的8月龄左右的小牛又分为用于繁殖的育成牛和用于育肥的育肥牛。育成牛和育肥牛的喂食方法也不同。

## 关于育肥

根据牛的品种和想要获得肉质的不同，育肥期也会不同。阉割后的雄性小牛的育肥（小公牛育肥）期通常为出生后21个月，和牛青年育肥期为24个月，其他品种的牛通常是29个月，理想育肥（不生产小牛的母牛）要花费30多个月。育肥与肉质的关系是月龄小的时候，肌肉柔软且脂肪含量少，但是随着月龄增大，肉的嚼劲增加，脂肪量也增加。但是，理想状态下母牛育肥后肉质柔软味美。此外，生产过5~6胎的母牛经过短期育肥屠宰后，其肉的味道和普通的牛肉一样非常好吃。上了年纪的公牛的肉质非常硬。

## 关于**人工受精**

很久以前，公牛和母牛几乎都是自然交配。但近些年，人们会选择优质种公牛的精液，装满 0.5 毫升的吸管，放在零下 196 摄氏度的液氮中冷冻保存，需要时将精液拿出解冻，然后进行人工受精。人工受精和自然交配的最佳时期，可以参考书后的详细解说，或者咨询专家。

## 关于**断奶**

与乳牛不同，小和牛饮用母牛分泌的乳汁而成长。但是，两个月后，母牛的乳汁分泌量急剧下降，仅靠乳汁不能提供足够的营养。所以，最好未到三个月就尽早给小牛喂食青草、干草或营养价值高的混合饲料，为小牛的断奶做准备。通常会将六月龄左右的小牛和母牛分开饲养，强制切断小牛对母乳的依恋。偶尔进行的早期断奶是指喂食人工牛奶，在三个月时进行断奶。

## 关于**阉割**

除留做种用以外的雄性小牛，一般会在断奶之前进行阉割。所谓阉割，就是摘除公牛的睾丸。经阉割后，肉质会更加好、柔软。详细请参考书后解说。

# 9 邀上门割草人"哞哞收割"吧！

农村很多地方的杂草都令人困扰。开始从国外进口谷物之后，日本本地产的谷物变得便宜，导致大米过剩，荒废的农田逐渐变多。日本气候多雨，如果不及时整理山林和农田，很快会杂草丛生。如果持续下去，人们居住的房屋也都会被野草所掩盖。但是，如果换个角度思考，草就是很大的资源。这时，就轮到吃草的"草的化身"——牛出场了。近些年，日本的牛大多数都在牛舍饲养，但是牛原本是用四只脚一边走一边吃草的动物，我们一定要利用这个特点。喂，我们尝试邀请上门割草人"哞哞收割"出场吧！

## 让牛**割草**吧

你的附近一定没有人清理丛生的野草吧？如果你还在为此困扰，就让你的牛去解决吧。在杂草丛生的山里放牧吧。放养牛首先要有栅栏。此外，还需要水。请大人一起协助，请村落的人一起来帮忙吧。以往的放牧必须用木头和带刺铁丝制作栅栏，很费工夫，而现在使用电力栅栏，简单很多。关于电力栅栏，可以参考书后解说。如果在荒山上放牧的话，饲养牛是非常轻松的，既不需要牛舍，牛也可以在荒野中进行分娩。

## **草坪**或花草，还有**不吃的草**

如果用牛来割草，茎高的草都会被吃掉。但是，还有很多剩下的草。草坪上，长得高的草被牛吃过之后会不断地再生长，埋没在草木中的花也会开放。然而，也有牛不吃的草木。有牛绝对不吃的草，有肚子饿时才会吃的草，记住这些植物的名字，调查牛和草的关系也是一件快乐的事情哦！

电力栅栏

太阳能电池板和脉冲发生器

辔头

## 建造**草坪广场**

牛割草之后，如果种植草坪，草坪就会不断蔓延，变得像公园的草坪一样。草坪的草很矮，但是也成为了牛的饲料。在草坪上，大家能够边跑边跳。踩踏草坪，修剪草坪，会使草更加茁壮、繁茂。所以，也有人说草是生活在陆地上的浮游生物。使用牛来整理公园的草坪，1公顷草坪只需要放养1~2头牛，草坪就可以不断成长。当然，牛不吃的草就只能人工收割了。

## **缰头**的使用方法和连接方法

即使是小牛，体重也比你重哦。如果长大成成年牛后，体重会是人体的十倍左右。而且，牛的四只脚可以自由走动，所以人们为了控制牛的活动，发明了缰头。如果不会制作缰头的话，就不能成为养牛人，也不能接触牛。制作缰头看似很难，但稍加练习的话就会变得简单。农户会取下鼻纹（和人类的指纹一样，每头牛鼻子的纹路是不同的，通过鼻纹可以确认牛个体），记录在耳朵处挂的个体识别编号或者相当于人口户籍的登记证书上。为了保证人工受精时牛不走动，缰头是不可缺少的东西哦。此外，牛用缰头连接后即使牛大力拉拽也不会松动，但是人可以立刻解开。关于缰头的使用方法和连接方法以及鼻纹的详情请参考书后解说。

# **10** 牛和人类的约定 "不能让牛的子孙断绝"

大约 8 000 年前，人类开始驯化牛。人类根据自己的需求，将牛变为家畜，也就是从那时起，牛和人类有了约定。不同的国家和地区会有不同的约定，但是也有全世界共通的约定，那就是 "家畜为人类提供肉和奶，而作为回报，人类有责任让家畜不断繁殖，子孙满堂"。当然，这是人类和所有家畜的约定，并不仅限于牛。

如果夸张一点来说，就像和神的约定一样。你觉得如何？

## 保留**品种**

如果只想着产肉卖肉，只培育生产效率高且味道好的品种，那么世界上可能只会留下极少数牛的品种，食物的味道也会越来越单调，多么索然无趣啊。那么，应该如何保护日本自古以来就有的牛的品种呢？其实答案很简单，那就是尽可能食用国产的肉或者乳制品。这样国内饲养家畜的农户的畜产品就会畅销，他们就愿意继续饲养家畜了。

## 观察**分娩**吧

你看过牛的分娩吗？那是一个令人感激世界的过程。母牛通过人工受精或者自然交配 (配种) 受孕 (怀孕) 的话，经过约 285 天的妊娠期后就会分娩。如果观察分娩过程，就会感激生命的诞生。小牛出生后很快从母牛那里学到很多生存技能，这种母牛和小牛交流的行为被称为 "母子的仪式"。牛性格温和，但是有些胆小，希望在没有任何人的地方分娩。被很多人注视的母牛会把他们视为外敌，有可能不能自然分娩或进行母子的仪式。如果你想观察分娩的过程，可以拍摄录像，但厌恶摄像镜头的牛也很多。当你遇到正在分娩的牛的时候，一定不要轻易靠近或者大声喧哗。

分娩时的母牛特别胆小，所以它们会寻找没有人的地方，躲起来分娩。从阵痛开始到分娩结束，需要 5~8 小时。

## 母子的仪式

分娩结束后，母牛站立起来，一边对沾满羊水全身湿润的小牛温柔地哞哞叫，一边开始用舌头大力舔小牛的身体。小牛为了回应牛妈妈，会抬抬头，动动脚。母牛会一直舔到小牛可以逐渐活动为止。小牛刚开始站起来时，会跌倒。牛妈妈不会在意，会继续舔小牛的身体。最后，反复跌倒又站起的小牛好像受到了牛妈妈的鼓励一样，不再跌倒。然后，终于可以喝母乳了。在不断睡觉和喝母乳的过程中，小牛可以跟随牛妈妈迈动脚步了。这也是牛妈妈通过身体或者叫声教给小牛的。如果小牛可以跟随牛妈妈活动自如的话，就建立了亲子关系。

## 尝试印记学习吧

所谓的印记学习是你代替牛妈妈教小牛走路的方法，是使小牛逐渐长大成成年牛后不会讨厌人类的一种饲养方法。这也是"母子的仪式"的具体应用哦。如果你代替母牛的角色，小牛就会认为你是牛妈妈，然后和你亲近了。在小牛饮用初乳后，尝试将小牛和母牛分离，一边温柔地呼唤小牛，亲切地抚摸小牛，一边让小牛吸吮你的食指吧。这样的话，小牛会向着你希望的方向前进，一定要有耐心，多引导几次。尝试之前，要牢牢记住书后解说中的注意事项哦。

# 11 照顾小牛的方法。如果遇到这种情况，该怎么办?

小牛一出生，体重就达到 30 千克。不断喂奶和喂食后，体重很快会超过 100 千克，体型变得很大。所以，尽管想要和小牛成为好朋友，但是不能溺爱它，或者养成爱玩的习惯。如果过于溺爱，小牛会把人当成牛妈妈或者朋友，以后就很难照顾了。所以，要好好地教育。另外，还要随时注意小牛的情况，以免小牛生病或受伤。

## 照顾方法和注意事项

和小牛关系亲密后的注意事项，要牢牢记住哦。

### ①不能过分溺爱小牛，或者骑在小牛身上玩耍

小朋友们都一样，喜欢相互嬉戏玩耍。有的小牛出生后一个月体重就会达到 60 千克，如果和体重 60 千克的小牛玩耍，可能会受到意想不到的伤害。牛的玩耍方式就是用头撞击，还有的小牛会主动挑衅打架哦。如果让小牛重复撞击动作，可能形成攻击人的习惯。总之，教导归教导，也不能让小牛得意忘形。训练小牛的目的是让它不要随便逃走，养成温和的性格。

### ②不要随便抚摸头顶

长在牛头顶的角是牛的武器。尽管小牛还没有角，但是不久就会长出来。仔细观察小牛，有时你会发现它们玩耍时会相互顶撞头部，继而打架。总之，你和小牛关系变得亲密后，小牛就会用头来和你玩耍。这时，如果你抚摸小牛头上的角，就会激发它的攻击欲望，这是很危险的行为。

## 关于**疾病**

和牛是精力充沛的动物。吃草的牛很少会生病哦。但是，如果饲养者的喂食方法错误，或者没有预防疾病的对策的话，牛就会生病。如果给母牛喂食过量的精饲料会引发身体过胖，导致生殖障碍而不能妊娠。此外，如果偷偷从栅栏内溜出来的牛食用过多的精饲料，就会引发急性胀气症；牛在食用地瓜或者柑橘类等食物时，如果堵住食管，导致不能反刍，就会发生胃肠胀气导致生病。如果不能及时治疗，会导致死亡。母牛的饲料质量差，也会引起小牛的腹泻。人和牛都是生物，一样都会生病。如果觉得牛的情况异常，要立即咨询兽医。

## 受伤或者纠纷

我们很少看到牛受伤。所以，在学校饲养牛时，反而会担心牛伤到人。要解决这一问题，教育是非常重要的。例如，牛具有很大的力量，将拴牛的绳子的一端缠在手腕上或者系住身体的话，牛会感到很厌烦，或者由于受到惊吓而乱跑，这样人会被牛拉着走，有可能受到严重的外伤，非常危险。无论我们多么用力，对牛来说都很微弱，如果不能阻止牛乱跑，就放开绳子吧。如果牛与牛之间发生纠纷，我们只能等待它们平静下来。另外，强壮的牛常会攻击或者恐吓弱小的牛，不让它吃饲料。这时，需要用绳子拴住强壮的牛。因为，无论是强壮的牛过分吃食，还是弱小的牛因为吃不到食物而营养不良，都会发生不能生产小牛的情况哦。

# 12 活着的牛变为肉食，端上餐桌

我们的饮食都要牺牲动物和植物的生命。现在，我们平时就可以吃到牛肉。但是，我们几乎看不到活着的牛变成牛肉的过程。与其说是不知道，更可能是不让大家知道。在日本，这可能和将近 1 200 年的禁止肉食的饮食文化有关，也可能是因为当时的当权者们为了让平民遵守禁止肉食的规定，蔑视屠宰家畜这种非人道的行为。

## 牺牲生命

屠宰和食用自己饲养的可爱的小牛，是多么残忍的事啊。但是，只有牺牲食用动物的生命，人类才能生存。这是非常重要的事。我们不介意食用在商店里销售的盒装牛肉，却不愿意屠宰自己饲养的牛，这本身就是很矛盾的事。我们应该时刻铭记——自己的生命是他人的恩赐。

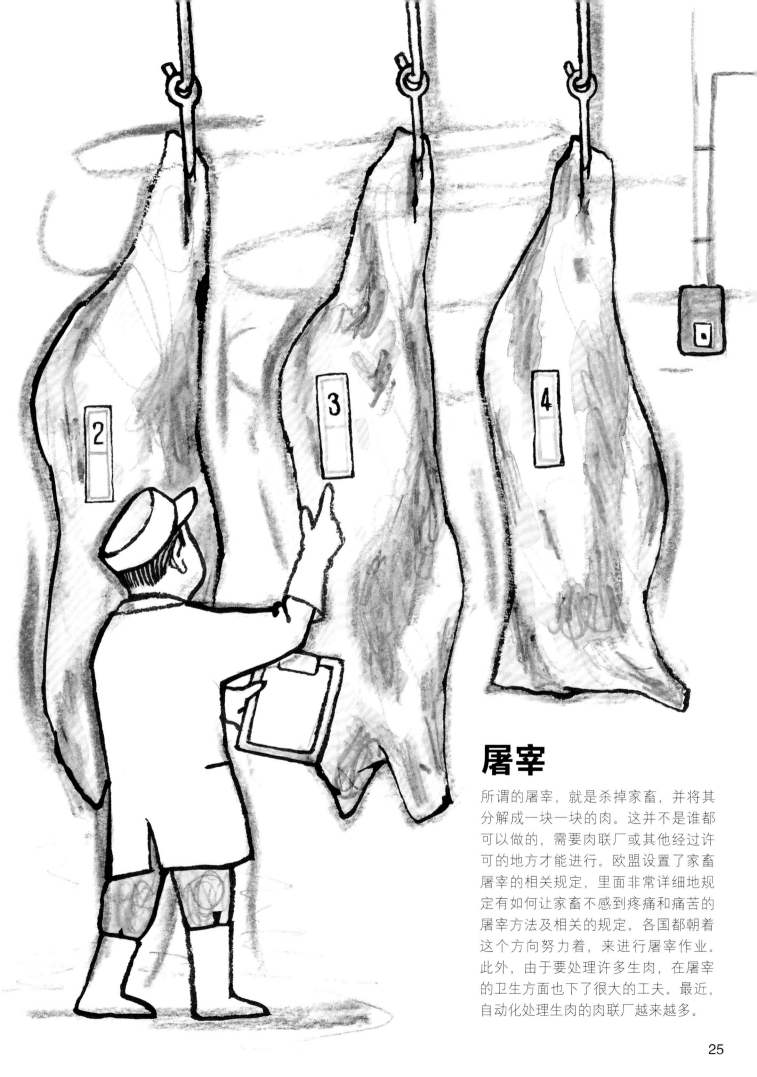

# 屠宰

所谓的屠宰，就是杀掉家畜，并将其分解成一块一块的肉。这并不是谁都可以做的，需要肉联厂或其他经过许可的地方才能进行。欧盟设置了家畜屠宰的相关规定，里面非常详细地规定有如何让家畜不感到疼痛和痛苦的屠宰方法及相关的规定。各国都朝着这个方向努力着，来进行屠宰作业。此外，由于要处理许多生肉，在屠宰的卫生方面也下了很大的工夫。最近，自动化处理生肉的肉联厂越来越多。

# 13 尝试追踪牛肉的生长过程吧！

你知道可追溯（可以追踪足迹）这个词语吗？活着的牛耳标上会有编号，买到的肉商标上也会有编号，通过追寻这些编号，就可以了解到截至目前这头牛的所有生活轨迹。该系统是以日本发生 BSE（牛脑海绵状病）为契机开始建设的，该系统不仅可以在牛发生疾病时帮助我们找出病因，还可以让消费者了解到牛是如何生活的、自己到底吃了什么样的肉、这头牛到底是谁饲养的，它可以毫无保留地满足我们的好奇心。

## 通过网络追踪牛的足迹

试着追踪一下你饲养的牛的生长过程吧。在网络上打开农林水产省的首页（http://www.maff.go.jp/）→点击友情链接中的独立行政法人→点击家畜改良中心→选择牛个体识别信息检索服务（点击个体识别，出现系统解说）→选择面向使用者的说明→输入 10 位个体识别编号（半角）→检索→阅读每头牛从出生到现在的所有信息（这是在日本当地适合的操作）。而且，在查看农户等公布的信息时，点击饲养管理信息，就会出现饲养地址、饲养者姓名、饲养实景以及饲料等信息。如果想要到当地拜访饲养者，可以通过写信或者给公开责任人打电话的方式协商日程。打开农林水产省的首页也可以查到相关信息。但是，农户可以根据自己的意愿选择是否公开饲养管理信息。有时，可能只能了解到饲养地的名称和饲养人的姓名。农户平时非常繁忙，大多数时候都不在家，所以一定在约定的时间前去拜访。

## 通过网络追踪**牛肉**的足迹

尝试追踪一下今天购买的牛肉的生产过程吧。有的牛肉没有使用 10 位个体识别编号，而是印有批号，这可以用于追踪包装中的多种肉类。为了确认屠宰的肉和销售的肉是否为同一编号，屠宰时可采集肉片，并保存三年，用来做 DNA 鉴定，以确定偶尔随机在商店购买的同一编号的肉，是否为屠宰时同一编号的牛。但是，将进口肉和其他肉混杂制成的肉末不在检索范围内。

耳标

# **14** 牛肉的部位以及美味的烹调方法

牛牺牲自己的生命，让我们能够吃上美味的牛肉。我们必须要感谢牛，绝不能浪费任何牛肉。这也不仅限于肉类，所谓的吃食物，无论什么时候都是牺牲别的生物的生命来培育我们的生命。通常，日本将肉做成排骨烤肉、牛排、日式火锅、肉末或者汉堡牛排来食用。但是，牛除了毛、皮和骨头以外的部分都可以食用。在欧洲等肉食文化历史悠久的国家，也有将牛身体全部部位制作成菜肴的例子。日本经过了长久的禁止肉食的时代，如果说牛肉菜肴文化的话，可能就是"日式火锅"吧。

炖牛舌

汉堡包

烤肉

## **从舌头到尾巴**
### **都可以食用**

日本禁止肉食的时代持续了将近1200年，肉食文化并没有形成，作为牛肉菜肴，可能只有"日式火锅"吧。平民能够吃上牛排和烤肉也是最近的事情。日本肉菜的烹饪方法过于单纯。所以，只有像排骨肉、里脊肉和肋条肉等一部分肉比较受欢迎。因此，这部分肉的价格也非常高。牛从头到脚都有肉，如果能够了解牛尾、小腿、脸颊、脖子等部位的肉的烹饪方法，就会发现这些部位的肉也很好。

牛排

浓味蔬菜炖牛尾

炖牛杂

牛肉片

日式火锅

大块烤牛肉

❶牛舌（舌头）…煨炖菜等炖菜 ❷颈部…肉质较硬，制作炖菜或者汤 ❸肩部里脊肉…由于瘦肉多且略带筋，适合做烤肉、肉糜或者汤 ❹肩部肋骨肉…与无骨牛腹肉一起制作烤雪花肉、日式火锅或者牛肉盖饭等 ❺牛肩肉…肉质较硬，适合做肉糜或炖菜 ❻前腿肉…肉质较硬，适合做肉糜或炖菜、肉汤 ❼牛里脊肉…肉质好，适合做牛排、大块烤牛肉或日式火锅 ❽牛上腰肉…肉质最佳，适合制作牛排 ❾里脊肉…柔软的瘦肉，适合做牛排、炸肉排或煨炖菜 ❿无骨牛腹肉…与肩部肋骨肉一起制作烤雪花肉、小牛排等 ⓫臀骨肉（牛臀肉）…柔软的瘦肉，适合做牛肉片或者牛排 ⓬后腿肉…大块烤牛肉、烤肉、炖菜 ⓭大腿内侧肉…大块烤牛肉、烤肉 ⓮大腿外侧肉…火腿、牛肉罐头 ⓯腱子肉…肉质较硬，适合做肉糜或者炖菜、肉汤 ⓰牛尾（尾巴）…煨炖菜等炖菜

# 15 美味的牛排烤制方法

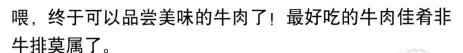

喂，终于可以品尝美味的牛肉了！最好吃的牛肉佳肴非牛排莫属了。

想要制作真正好吃的牛排，还是有一些窍门的。

牢牢记住这些窍门，一定可以品尝到最美味的牛肉！

**1.** 从冰箱中取出牛肉，放置 10 分钟，切掉少许的肉筋和脂肪。先在盘子上撒上盐和胡椒，将肉放在盘子里，再在肉表面撒上盐和胡椒。这样，肉的正反面就都撒上盐和胡椒了。注意不能将肉刺穿。

**2.** 在平底锅里加入一层薄薄的牛油（如果没有，可以使用色拉油），放入蒜片煸出香味。

**3.** 将手放在平底锅的上方，感到很热时，就迅速放入牛肉。之后不断晃动平底锅来煎肉。

**4.** 如果肉下方变白，就可以翻面了。翻面时要使用木铲或者公筷。

**5.** 使用手指按压肉，就可以知道牛肉的熟度。

在这里教大家一些小窍门，我们可以利用与牛肉熟度近似的〝硬度对照〞来掌握牛肉的熟度。

牛排的生熟程度分为一分熟牛排、五分熟牛排，以及充分烤制过的全熟牛排。

**一分熟牛排硬度像耳垂一样**

**五分熟牛排像脸颊一样**

**全熟牛排像鼻翼一样**

如果触摸一下烤制中的牛肉，就会明白了。

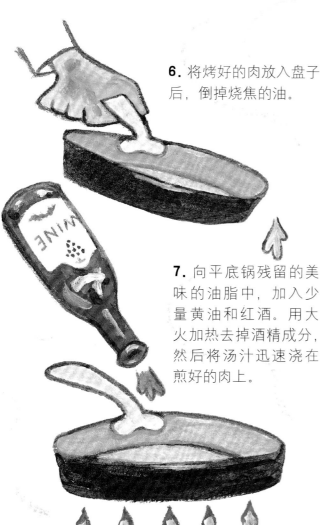

**6.** 将烤好的肉放入盘子后，倒掉烧焦的油。

**7.** 向平底锅残留的美味的油脂中，加入少量黄油和红酒。用大火加热去掉酒精成分，然后将汤汁迅速浇在煎好的肉上。

那么，快尝尝味道如何吧。

最后，点缀上水煮的色彩鲜艳的胡萝卜、豆角和土豆。

# 详解牛

## 关于雪花肉（大理石纹）

日本幕府时代末期，以肉食为主的欧美人来到日本，赞叹了和牛雪花肉的美味。从日本明治维新解禁肉食以来，所谓美味的肉就是指雪花肉。针对能够获得美味的雪花肉的牛系统选育与饲料的喂食方法等进行了很多研究，和牛饲养者都在相互竞争，希望培育出混入脂肪更多的雪花肉。但是，现在市面上牛肉等各种食材琳琅满目，有的人更喜欢吃进口瘦肉，有的人更喜欢吃人气颇高肥瘦均匀的和牛肉，有的品尝过进口牛肉的人在比较后重新认识到和牛肉的美味。今后，配合消费者的口味烹饪雪花肉、肥瘦均匀的肉、肥肉少的肉，并辅以其他配菜，给消费者更多的选择，将会成为和牛的消费趋势。

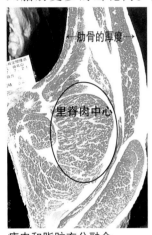
瘦肉和脂肪充分融合

## 日本的野牛"花泉盛牛"与和牛的历史

在日本岩手县花泉町发现了野牛化石，考古学家根据当时村子的名字和乡土史学家村长的名字对该种牛进行命名，叫做花泉盛牛。野牛（北美野牛）的同类主要分布在亚欧大陆和美洲大陆，而花泉盛牛与分布在亚欧大陆的西伯利亚野牛很接近。

在岩手县立博物馆，展示着使用从花泉町遗址挖掘出来的野牛骨头制作的骨骼标本。在美洲大陆等地也生活着很多野牛，但是由于滥捕乱杀，野牛数量减少，现在被保护起来了。

由于受到天气变化等因素的影响，日本的野牛从日本列岛消失了。但是一般认为从中国大陆过来的牛从大和时代开始，经历了1 600年的日本和牛的历史。这一期间，经历了长达1 200年的禁止肉食时代。从明治维新肉食解禁开始的130年中，为了食用牛肉，考虑到肉质，将进口谷物做成饲料饲喂牛仅有40年左右。所以，日本牛的历史几乎都是作为农耕和搬运的劳动力来帮助人们、支持人们生活的耕牛的历史。

## 胃的功能

牛没有上门齿，但是能够灵活地使用舌头咀嚼草木，牛使用下门齿和上臼齿咬断食物，将食物与唾液一起吞食后，储存在大的反刍胃中。然后，一边休息一边将胃中的食物返到口中，用上下的槽牙（臼齿）慢慢磨碎，这叫做反刍。在牛的胃中生活着许多微生物，这些微生物通过发酵作用，生成牛生存所需的养分后，运送到肝脏中。此外，牛还会通过消化生活在胃中的原生生物和微生物，提供给肠可以吸收的蛋白质。这样一来，牛就可以获得充足的能量，茁壮成长了。我们获得的牛肉和牛奶也是来自草、牛和微生物共生的恩惠。

## 蹄子的构造

即使在陡坡等恶劣条件的地面，牛也能够自由地行走，牛蹄起着很重要的作用。看一下图片。脚尖处有每天都会变长的指（趾）甲（蹄尖），后面长有具有缓冲功能的蹄踵和蹄球。和马不同，牛的蹄子分为两瓣，悬蹄就像是陡坡的刹车，这也是牛可以在凹凸不平的道路行走或者紧急转弯的原因。

如果在室内饲养，牛蹄几乎不能发挥作用，每年需要进行两次人工修蹄的工作。但是，如果在山地放牧的话，前面的蹄子会变得非常发达。另外，通过和地面摩擦，蹄尖被削减，所以没有必要进行困难的修蹄工作。

试着对比一下你的脚和牛的脚。相对人的脚，牛用脚尖和指尖部分站立。而且，在蹄子的上部，具有蹄关节、冠关节、球节三个关节，这三个关节也在走险路时发挥着重要作用。

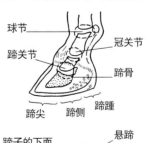
球节　冠关节　蹄关节　蹄骨　蹄尖　蹄侧　蹄踵

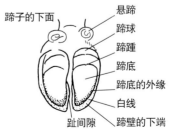
蹄子的下面　悬蹄　蹄球　蹄踵　蹄底　蹄底的外缘　白线　趾间隙　蹄壁的下端

## 杂草或者树叶也是牧草

从日本大和时代到明治维新的 1 500 年间，和牛的主要饲料是日本本土的杂草或者树叶。自从引进欧美畜产技术以来，开始栽培外来的牧草喂牛，但是来到日本列岛的牧草不适应日本的气候环境。这些牧草在北海道等寒冷地区茂盛生长，但是在九州和四国等高温多湿的地区，还不能作为固定的牧草。近年来，人们吸取教训，开始因地制宜地利用草坪等杂草树木及外来牧草制作饲料。日本自古以来的放牧方式是在农耕废弃地放牛，这样牛既可以割草饱腹，又充分利用了杂草树木。

牛的基本饲养方法是根据气候、地势或者社会形势确定的。在田地中种植过冬的贮藏饲料时，外来牧草或者饲料作物的产量比较高。

## 干草和食品副产品的饲料

干草和天气决胜负。收割青草后，在阳光下连续晒三天左右就制成干草了。但是在多雨的季节，如果草的数量不多，可以在室内贮存。如果在晾晒的过程中淋雨，草的营养价值会下降。此外，收割后的稻草虽说营养价值低，但是混合青草或者精饲料的话，仍然可以成为上等饲料。

在没有进口饲料的时代，育肥牛产地的农户会把稻草、豆腐渣、米糠等作为饲料饲喂牛。不同的地区会有许多不同的加工副食品，感兴趣的话可以调查一下哦。在我们周围，学校食堂的剩饭剩菜，只要不混合肉类，也可以作为补充饲料。但是，如果过量喂食豆腐渣、米糠等营养成分非常高的饲料，会导致母牛不能生产小牛，所以注意不要因为饲料的原因造成母牛生殖障碍导致不孕。草以外的纤维含量高的饲料，尽管营养价值高，但过量喂食会损害牛的健康。请不要忘记牛是草食动物哦。

## 所谓精饲料

所谓精饲料是指谷物、油渣等营养价值高的饲料。相反，草或者稻草等被称为粗饲料。牛原本是草食动物，只要喂食粗饲料就可以生存，具有不和人类竞争食物的优点。在二十世纪五十年代以前，日本几乎所有的牛都是喂食粗饲料。大量喂食精饲料开始于从美国进口牛的二十世纪六十年代。不要忘记牛食用的谷物可是人类的粮食。此外，如果仅大量喂食精饲料，牛会生病的。但是，当粗饲料不能为怀孕的母牛提供足够的营养时，可以补充喂食精饲料。精饲料主要包括以下几种。

米糠类：麸、米糠、酒米糠等；

谷物类：玉米、小麦、大麦、黑麦、燕麦、玄米等；

植物性油渣类：大豆豆粕、棉籽油粕、油菜籽粕、亚麻籽粕、点心工厂副产品等；

加工粕类：豆腐渣、甜菜渣、啤酒糟、酱油糟、烧酒糟等；

动物性饲料：鱼粉、肉粉、血粉、羽毛粉、奶粉等；

混合饲料：利用上述饲料，根据牛的用途或者发育过程的营养要求配制的饲料，或者在精饲料和粗饲料中加入矿物质配制的饲料。

## 自然交配和人工受精

放牧过程中，母牛在合适的时间与公牛进行自然交配后怀孕。人们会将发情的母牛带到公牛饲养地让其交配。但是，1955 年以后，随着人工受精的普及，现在只剩下很少一部分地区会进行自然交配。自然交配的怀孕（怀胎）率高，几乎达到 100%，牛每年都会怀孕一次。

人工受精是指饲养者发现母牛发情后，请人工受精师进行受精。判断牛发情的方法主要通过观察牛的叫声、母牛间的爬跨行为等。发现发情后推测最佳时期，联系人工受精师，来访的人工受精师判断最佳时期后，进行人工受精。

## 断奶

断奶时要通过降低稻草等饲料的质量，科学地减少母牛的泌乳量，待泌乳量下降后，分离母子。母牛会因为乳房涨奶发出叫声，小牛会因为想念母乳也发出叫声，但是都可以忍耐。这也是为了锻炼小牛独立生活的能力。注意要采取拴住母牛等措施，防止母牛和小牛从栅栏中逃脱。考虑到牛与人断奶时的相似性，最近市面上也开始销售牛断奶用的饲料了。当然，如果喂食营养价值高的干草，小牛会成长为优质的种牛，草的质量不佳时，可以添加精饲料。

另外，也有放牧饲养、不断奶的先例。切记不要给小牛过量喂食，以免导致其肥胖。

## 通过阉割，制造柔软的肉质

公牛体型大，和母牛体格不同。这是因为脑下垂体和睾丸的作用，使公牛受到雄性激素的支配不断发育。受到雄性激素的影响,公牛会拥有雄性特有的体型和强悍的气质,肌肉（肉）与雌性相比更结实。这时，就要采用阉割技术，使牛的肉质变软。经过阉割，公牛性格会变得温顺，更加容易进行群体饲养。人类为了吃到更加美味的食物，可真是煞费苦心啊。我们吃的牛肉，无论是和牛肉、荷斯坦牛肉，还是进口的牛肉，大多都是经过雄性阉割育肥的牛。

## 电力栅栏

电力栅栏开启了放牧的革命。即使在不通电的地方，也可以使用太阳能电池板进行发电和蓄电。如图所示，在简单的导线杆上安装绝缘子和两段电线，并与电牧器连接。电牧器可以释放 5 000~9 000 伏特的脉冲电流，如果碰触电线会受到强烈的电击，但不会对人和牛的生命造成危害。为了避开电力栅栏，牛就不会跑到栅栏的外面。此外，这种电力栅栏与牛放牧相结合的做法，还可以防止野猪、猴子或者鹿等野生动物破坏农作物，可谓是一石二鸟。必要的材料需要购买，但是导线杆、绝缘子等可以使用废弃材料制作，以降低成本。但是,电力栅栏不适用于狭窄的放牧地。在狭窄的放牧地,使用铁柱、木头和带刺的铁丝建造栅栏吧。

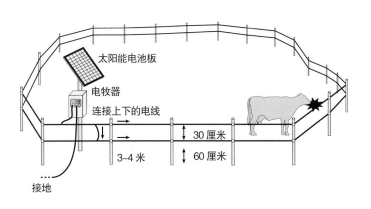

## 辔头的打结方法和连接方法

学习辔头的打结方法是饲养牛的必修课程。看似很困难，其实很简单。

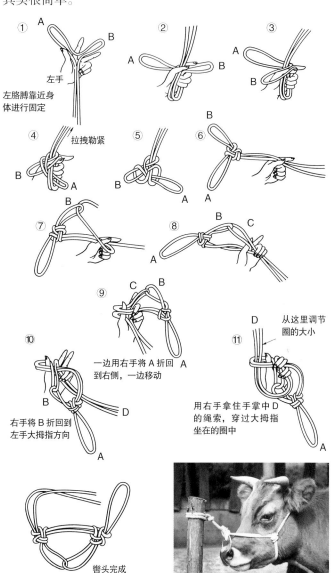

连接辔头的绳子多数都会系在柱子等地方，但是牛大力拉拽会松开，所以，我们要学习这种牛无法拽开，人又可以轻松解开的打结方法。系在柱子上时，像照片展示的一样，尽量短的连接是重点，如果绳子过长，会缠绕到牛的脚或者脖子上，造成不可预测的事故。如果从小牛时就用绳子拴住会导致不能动，要事前教会小牛适应绳子，这样牛的移动可以更容易。

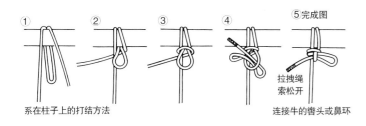

① ② ③ ④ ⑤完成图

系在柱子上的打结方法

拉拽绳索松开

连接牛的笼头或鼻环

## 鼻纹的采取和登记

牛的鼻纹和人的指纹一样，每个个体的纹路都不同。所以，牛的鼻纹可以用于个体确认，贴在牛登记证或者登陆证上。

采取鼻纹是用笼头固定小牛之后的工作。

安装牛个体识别编号耳标的同时，进行鼻纹采取以便于小牛的登记。

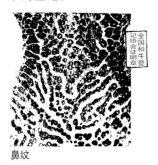

鼻纹

鼻纹的采取

## 印记学习的意思和重要的注意事项

牛为什么会逃走呢？其实，对于动物来说，接触其他物种的强壮动物就意味着死亡。所以，牛遇到危险也会逃走的。但是，牛逃走会带来很多困扰。出生后的小牛在第一次逃跑被抓住后，给它安装耳环，安装时的痛苦会让它怕人。

听说过"三岁看老"的谚语吗？出生之后的"印记学习"，是希望人和牛首次见面就相互留下美好的印象。印记学习就是在一张没有污垢的白纸上印刷的意思，证明该功能的是获得诺贝尔奖的奥地利动物学家康拉德·劳伦兹。下面的图片描绘的是与牛母子之间的行为相对比的"片冈式小牛学习法"。不了解劳伦兹实验的人工受精师片冈敏夫（1928—1989）发现因难产失去牛妈妈的小牛，经过人工饲养后并不讨厌人类，他以此为契机开始了这种学习法，很厉害吧。我们通过再现实验，也对其效果吃惊不已。

但是，如果弄错"印记学习"的顺序的话，也有牛不会服

从人类。你和小牛关系变得密切后一定感到很高兴，但即使你收到小牛的邀请，也一定不可以和小牛玩耍，因为你会惯坏它，等它逐渐长大，它会和你打架，会弄得你束手无策。它会变成一头"恶癖牛"，不仅不会温顺地遵守你们的约定，还会主动攻击你。即使是宠物，也不要忘记牛的体重会超过 500 千克哦。特别是如果触摸生长在头部的角，可能会刺激它的争斗心。要想培育温顺且不会逃跑的牛，除了"印记学习"外，还要懂得如何在日常生活中和牛达成合理的约定。毕竟牛是不能使用力量来控制行动的动物。

在草地分娩的牛母子的行为模式

圈养牛的"片冈式小牛学习法"

①分娩后，一边打招呼，一边擦干羊水。②爱抚。③离开小牛后进行呼唤，前往诱导方向。④到达地点后，进行爱抚。⑤再次离开进行诱导。⑥2~3天后，拴上绳子进行诱导。

# 后记

1945 年，我还是小学生时，日本在战争中失败。没有食物，大家都饥肠辘辘，大城市的人们为了寻找食物，都前往农村，那时到处都是病人和死人。

我的母亲为了抚养四个孩子，开始从事农耕作业。在没有拖拉机的时代，没有饲养牛的母亲只能通过拜托邻居叔叔帮忙农耕作业来种植大米。

厌学的我觉得能用牛耕田的邻居叔叔非常帅气，总是跟在他的后面。邻居叔叔完成烈日下的农耕后，和牛一起走入河流的深处，他用水认真清洗牛的身体。牛的眼中闪现出愉快的目光，叔叔好像也很满足。还是孩子的我也曾帮忙割草饲喂过牛呢。有一天，邻居叔叔邀请我使用牛来尝试耕地。他手把手地教我如何使用缰绳控制牛左右移动和停止，如何发布口令，如何用手控制牛犁和地面的角度等。我很快就能和牛配合得很默契，这令我非常高兴。终于，我一个人耕作了田地的一部分。现在回忆起来，觉得我在那个瞬间体会到了劳动的价值，获得了人生的乐趣。

多雨的日本，富有绿色资源。相反，人工割草是重体力劳动。牛能够在陡峭的山地行走，一边觅食，一边割草。这是创新的"牛力利用"。在野外放牧的母牛，呈现出非常健康优美的身姿。牛体型大，要吃很多饲料，是很难按照人的意志行动的动物，需要耐心地与它们接触，才能和牛相互合作。牛成为割草的劳动力，减少了谷类的消耗，这种牛的饲养方法符合自然规律，也会构建起人类和牛的新关系。现在，我正在挑战在森林中饲养牛。和牛一起度过的时光是非常快乐的。

通过阅读这本绘本，希望大家能够在学校，或者和周围的人们一起讨论饲养牛的话题。

上田孝道

## 图书在版编目（CIP）数据

画说牛 /（日）上田孝道编文；（日）笹尾俊一绘画；
中央编译翻译服务有限公司译. -- 北京：中国农业出版
社, 2018.11
（我的小小农场）
ISBN 978-7-109-24420-7

Ⅰ.①画… Ⅱ.①上… ②笹… ③中… Ⅲ.①牛 – 少
儿读物 Ⅳ.①S823-49

中国版本图书馆CIP数据核字(2018)第166670号

■写真提供・撮影
P10-11 黒毛和種（雄）：岩手県農業研究センター 畜産研究所 種山畜産研究室 黒毛和種（雌）：(社)
全国和牛登録協会 日本短角種（雄、雌）：家畜改良センター 奥羽牧場 褐毛和種・熊本系（雄、雌）：
熊本県農業研究センター 畜産研究所 無角和種（雌）、見島牛（雄）：山口県畜産試験場 ホルスタイン
種（雄）：家畜改良事業団 ホルスタイン種（雌）：皆川健次郎（写真家）アバディーンアンガス種、ヘ
レフォード種：家畜改良センター 十勝牧場 ブラウンスイス種：木次乳業有限会社
P32 霜降り肉（脂肪交雑）：高知県畜産試験場
■協力をいただいた方々
P28~30 牛肉料理の実演・指導：岡林 実（高知市「ビストロムッシュミノル」オーナーシェフ）
P4 古代の野牛：岩手県立博物館（ハナイズミモリウシおよび花泉動物群関係資料）
急傾斜地のノシバ放牧地の取材協力：高知県いの町「陣ヶ森牧場」
■主な参考文献
『日本古代家畜史の研究』芝田清吾 東京電機大学出版局
『家畜文化史』加茂義一 法政大学出版局
『ハナイズミモリウシおよび花泉動物群』岩手県内天然記念物（地質・鉱物）緊急調査報告
書 平成9年3月 岩手県教育委員会
『花泉の化石獣たち』尾崎博 科学朝日 1963.3
『牛乳の絵本』三友盛行 農文協
『牛はどうやって草からミルクをつくるのか』小野寺良次 新日本新書
『子とり和牛・上手な飼い方育て方』上田孝道 農文協
『和牛のノシバ放牧』上田孝道 農文協
『農業技術大系 畜産編第3巻牛肉用』『日本人の食体系と肉』並河澄 農文協

## 上田孝道

1938年生于日本高知县春野町。1960
年毕业于麻布兽医科大学（现麻布大学）。
憧憬东京的生活，但由于在东京居住的
生活受到挫折，1961年转职成为高知县
畜产职员，现场、行政和实验研究工作
几乎三等分，1998年从畜产试验场离职。
目前开办"Detakota编辑室"（家庭办公
室），以村落和街道为主轴从事田野调查
的同时，在当地的大学从事畜产和粮食
的客座讲师。主要著作有《产子和牛的
高明饲养和培育方法》《和牛的草地放牧》
（农业技术大全畜产篇3卷、7卷，负责
繁殖牛的管理和草地修建和利用部分）
（日本农山渔村文化协会）等。

## 笹尾俊一

1954年出生。毕业于多摩美术大学立体
设计系。主要从事杂志、书籍、CD唱片袋、
音乐和电影介绍等的插画工作。1996年
荣获第18届讲谈社绘本新人奖。主要著
作有《爵士乐故事》（BNN），《夏威夷的
三人组》（讲谈社）和《大辉君的鲸鱼》（合
著 讲谈社）等。

## 我的小小农场 ● 14

### 画说牛

编　　文：【日】上田孝道
绘　　画：【日】笹尾俊一
编辑制作：【日】栗山淳编辑室

**Sodatete Asobo Dai 13-shu 64 Nikugyu no Ehon**
**Copyright© 2005 by T.Ueda,T.Sasao,J.Kuriyama**
Chinese translation rights in simplified characters arranged with Nosan Gyoson Bunka Kyokai, Tokyo through Japan UNI Agency, Inc., Tokyo
All right reserved.
本书中文版由上田孝道、笹尾俊一、栗山淳和日本社团法人农山渔村文化协会授权中国农业出版社独家出版发行。本书内容的任何
部分，事先未经出版者书面许可，不得以任何方式或手段复制或刊载。
北京市版权局著作权合同登记号：图字01-2016-5586号

责任编辑：刘彦博
翻　　译：中央编译翻译服务有限公司
专业审读：常建宇
设计制作：涿州一晨文化传播有限公司
出　　版：中国农业出版社
　　　　　（北京市朝阳区麦子店街18号楼 邮政编码：100125 美少分社电话：010-59194987）
发　　行：中国农业出版社
印　　刷：北京华联印刷有限公司
开　　本：889mm×1194mm 1/16
印　　张：2.75
字　　数：100千字
版　　次：2018年11月第1版 2018年11月北京第1次印刷
定　　价：39.80元